呀!原来是这样丛书

大海洋里的小秘密

四季科普编委会 编

中原出版传媒集团
中原传媒股份公司
河南电子音像出版社
·郑州·

图书在版编目（CIP）数据

大海洋里的小秘密 / 四季科普编委会编． -- 郑州：河南电子音像出版社，2025. 6. --（呀！原来是这样）．
ISBN 978-7-83009-534-5

Ⅰ．P7-49

中国国家版本馆 CIP 数据核字第 2025DC9527 号

大海洋里的小秘密
四季科普编委会 编

出 版 人：张　煜
策划编辑：贾永权
责任编辑：刘会敏
责任校对：曹　璐
装帧设计：吕　冉　四季中天
出版发行：河南电子音像出版社
地　　址：郑州市郑东新区祥盛街 27 号
邮政编码：450016
电　　话：0371-53610176
网　　址：www.hndzyx.com
经　　销：河南省新华书店
印　　刷：环球东方（北京）印务有限公司
开　　本：787 mm×960 mm　1/16
印　　张：7
字　　数：70 千字
版　　次：2025 年 6 月第 1 版
印　　次：2025 年 6 月第 1 次印刷
定　　价：38.00 元

版权所有，侵权必究。
若发现印装质量问题，请与印刷厂联系调换。
印厂地址：北京市丰台区南四环西路 188 号五区 7 号楼
邮政编码：100070　　电话：010-63706888

目录

海水是从天上来的吗 / 1

藏在巨浪里的秘密 / 8

海底世界的狂风暴雨 / 15

夏天的大海为什么会很"冷" / 20

五颜六色的大海好漂亮 / 28

海水的秘密 / 35

海雾的"障眼法"有多厉害 / 42

大海里也有海流吗 / 52

潮起潮落是怎么回事 / 58

死海为什么不会淹死人 / 66

海洋中有没有会唱歌的动物 / 74

凶猛的鲨鱼为什么不主动攻击人类 / 81

海龟流泪了，它是不是有伤心事呀 / 86

海豚的智商比人类高吗 / 94

什么？小海马是爸爸"生"出来的 / 101

海水是从天上来的吗

从遥远的太空俯瞰，我们的地球宛如一颗镶嵌在黑色天幕中的蓝色宝石，让人产生了无尽的遐想。为什么地球会呈现出如此迷人的蓝色呢？原来，地球的表面大部分被广袤的蓝色海洋覆盖。在太阳系中，只有我们的地球是这么水汪汪的！

小朋友或许会好奇，为什么太阳系中只有地球拥有这样的奇景呢？海水是从哪里来的？让我们一起去一探究竟吧！

原始海洋是小雨滴汇聚成的

大家不要以为地球一出生就是现在的样子哦！很久很久以前，地球初现，其外层包裹的原始大气层是混沌的状态。

那时的地壳还在形成阶段，温度很高，岩石里的水汽在高温的烘烤下蒸发到了空中，之后随着地壳的逐渐冷却，大气的温度下降，水汽凝结形成雨滴落了下来。

就这样，雨下了很久很久，形成的洪水涌入地球上每一处低洼之地，洪水逐渐汇聚，最终形成了浩瀚的原始海洋。

海水都是从天上来的吗

了解到原始海洋的形成与小雨滴的汇集有关后,我们不禁要问:海水是否都由天上降落的雨水转化而来?

海洋表面的水分子在太阳的照射下会蒸发进入大气中,形成水蒸气。这些水蒸气随气流移动,遇到冷空气时凝结成云,最终以雨、雪等形式降落到地面。部分降水直接流入河流,最终汇入海洋。这一过程被称为大气降水补给,是海洋水分的重要来源之一。

实际上,虽然可以说海水在某种程度上是"从天上来"的——因为它确实经历了蒸发、凝结和降水的自然循环过程,但这并非海水的唯一来源。除大气降水外,另一部分雨水会渗透到土壤和岩石的孔隙中,形成地下水。地下水既可以通过地下径流直接流入海洋,也可以通过河流、湖泊等地表水体间接汇入海洋。

此外，还有其他补给方式。在一些地区，河水流出河口时，部分水分会渗入河谷堆积物中，补给地下水；洪水消退后，这些地下水又可能反过来补给河流，形成河水的基流，最终流入海洋。

综上，海水的来源是多方面的，涵盖大气降水补给、地表径流补给、地下水补给等多种方式。这些因素相互作用，共同造就了如今浩瀚的海洋。

太平洋从哪儿来

小朋友，你知道地球上的四大海洋吗？按照它们的面积由大到小排名，依次是太平洋、大西洋、印度洋、北冰洋，其中太平洋的面积几乎占了全球海洋面积的一半。那么,你知道太平洋是怎么形成的吗?地球上怎么会有那么大的一个"坑"呢?

太平洋的形成与演化要比其他大洋更久远。有科学家提出,太平洋的洋盆(大洋底部的巨大凹地)可能是天体撞击地球后形成的。

天体撞击后形成了巨大的凹坑,由于水往低处流,陆地上的水便顺着地势汇聚进去,太平洋就这样形成了。不过,这种说法还有待科学进一步验证。

海水的神秘小伙伴——冰川

小朋友，你了解冰川吗？冰川是分布在极地或高山地区、沿地面运动的巨大冰体，它由降落在雪线以上的大量积雪在重力和巨大压力下形成的。冰川融化后，那些融化的水会顺着地势往低处流动：有的通过河流蜿蜒流淌，逐渐汇聚成大河，最终流入那广阔无垠的海洋；有的则直接汇入大海。

在这个过程中，冰川水还会"偷偷夹带"各种东西，比如矿物质、岩石碎屑等。这些物质随着融水一起流入海洋，从而改变着海水的成分。此外，冰川的融化和冻结过程还会对海水的温度和盐度产生影响：当大量冰川融化时，融水温度较低，会使局部海水的温度有所降低；同时，由于冰川水中的盐分含量相对较低，大量冰川融水汇入海洋后，也可能导致局部海域的盐度发生变化。

为什么海水是咸的呢

其实，海水在最初形成时并不是咸的，早期海洋因火山活动呈弱酸性。

海水在太阳辐射下温度升高，使得水分不断蒸发。这些水蒸气升到空中，遇到冷空气时，便会凝结成云，最终以降水的形式落到地面上。在这个过程中，雨水与陆地和海底的岩石接触。岩石中含有钠、镁、钙等多种矿物质成分，在水和二氧化碳等物质的长期作用下，发生一系列复杂的化学反应，逐渐溶解出盐分。随后，这些含盐分的雨水流入大海，再次经历蒸发、降雨的过程，并与更多的盐分混合。

如此循环往复，经过亿万年的积累和融合，海水中的盐分逐渐增多，最终使得海水呈现出我们所熟悉的咸味。

藏在巨浪里的秘密

小朋友,你有没有听说过神秘的海怪传说呢?想象一下,一艘出海打鱼的船只正在风平浪静的大海上平稳航行,突然刮起一阵怪风,巨浪如同高墙般扑来,船只就像一片渺小的树叶,在波涛中左右摇摆。面对这样的场景,人们充满了惊恐和不安,纷纷猜测:这难道是海怪在作祟吗?

然而,真相究竟如何呢?现在,就让我们一起勇敢地踏上探秘的旅程吧!

巨轮为何沉没

对于经常出海的人来说，海上的突发情况无疑是最令人担忧的。在海上航行时，人们常常会遇到一些令人费解的怪异现象。航船原本在一片平静的海面前行，刹那间，巨浪像一座水山般猛然向航船扑来。

小朋友，你不要以为这只是海上探险故事中的情节。几十年前，原本只存在于小说中的故事却真实地发生了！

1980年，一艘名叫"德比郡号"的英国航船出海。这艘船装载着数万吨货物，在当时应该算是体形巨大的船只了。可就是这样一个庞然大物，在行至日本海岸附近时，却突然失踪了。船上的人全部遇难，无一生还。

事件发生后，谣言四起，很多人都认为是海怪在作祟。若干年后，在调查船只失事原因时，一个惊人的事实浮出水面：原来是突然出现的巨浪把船的主舱口打开，船舱因此大量进水，导致整个船只迅速沉没……然而，这一切几乎在瞬间发生，这使很多人怀疑是海怪在暗中捣乱。

真的是海怪在作祟吗

关于海怪的猜测当然是没有科学依据的。在"德比郡号"失事之后，人们通过对海洋的仔细观察，发现这样的巨浪其实并不罕见。按照常理来说，海浪是风吹过海面时引起海水的波动而形成的，就像我们在池塘中看到的涟漪一样。然而，普通的海风是不会掀起那么惊人的巨浪的。

当风力超过12级时，大风会给海中的小波浪注入非常大的能量。风吹得越大，浪头就会越高，最终形成了巨大的海浪。

小朋友，你知道吗，迄今为止，有记录的最大风浪，浪高竟然达到了三十多米。这足以证明，巨浪的形成源于大自然的神奇力量，而非传说中的海怪所为。所以，当我们面对海洋的壮阔与威力时，更应该敬畏自然，珍惜生命。

巨浪是怎么形成的呢

仅靠风力，巨浪难以具备如此巨大的破坏力。并且巨浪掀起时，一般不会有明显的征兆。因此，有科学家认为，巨浪的成因可能与小波浪的持续叠加有关。

比如，在大西洋和印度洋汇合的地方，就经常会形成巨浪。因为在那里迅速流动的厄加勒斯洋流与南半球咆哮西风带驱动的海浪相互作用。海底地震、火山爆发或水下滑坡、坍塌都可能会引起海水的波动，甚至形成巨浪。这种巨浪也称为海啸。

一般海浪和巨浪有什么区别

海浪就是海里的波浪。一般来说，海浪要变成巨浪，必须满足以下三个条件。

首先，要有一定的风速。如果风速太小，海浪只会被风推着走，难以形成较高的浪头。

其次，海风的持续时间要长。时间越长，形成的浪头就会越高。

最后，海洋的面积要大。海洋有足够大的面积，才会为巨浪的形成提供充足的动力。在小面积水域（如内陆湖），则很难形成巨大的浪头。

巨浪来袭时的威力

尽管我们已经知道巨浪并不是由海怪引起的，但对于经常出海的人们来说，巨浪如同恶魔一样可怕。

1982年，纽芬兰大沙滩上的钻井架"海洋徘徊者号"遭受了巨浪的袭击。那一刻，巨浪狠狠撞击控制台的窗户，门窗刹那间支离破碎。紧接着，海水迅速浸满整个控制台，钻井架随之倒塌，造成多人遇难。

巨浪发生的频率和地点并不固定，这使得人们有时存在侥幸心理，认为巨浪不太可能发生在自己身上。这种侥幸心理也成为巨浪防范不力并造成重大损失的原因之一。

我国也出现过海怪吗

在我国古老的神话故事中，海怪的形象源于古人对海洋的想象与未知。北魏郦道元的《水经注》中，海怪被描绘为海中怪异难辨的动物，种类繁多。而《尔雅》中记载的貘兽，以及《庄子》中描述的鲲，都是古人对海洋生物的独特想象。自唐代起，龙王形象融合了本土龙神崇拜、海神传说与佛教元素，成为国家祭祀的一部分。先秦古籍《山海经》记载了许多民间传说的妖怪与诡异的怪兽，以及光怪陆离的神话。若是你对这些奇异的生物感兴趣，不妨把这些书找来读一读吧！

海底世界的
狂风暴雨

你可曾幻想过畅游于海底深处？在我们的想象里，海底应该是一片宁静祥和的地方。然而，亲爱的小朋友，深海之下，并非我们想象中的那般平静。让我们一起探索这个充满神秘与未知的海底世界吧！

海底地震的破坏力极其恐怖

2004年印度洋海啸，是一场震惊世界的巨大自然灾害，其直接诱因是印尼苏门答腊岛附近海域发生的9级以上强烈地震。这场地震释放出的巨大能量，引发了汹涌的海啸。它以每小时数百千米的速度迅速席卷了整个印度洋沿岸地区。

泰国的度假胜地普吉岛，在这场灾难中遭受了重创。原本热闹的海滩瞬间被巨浪吞噬，大量游客和当地居民在突如其来的灾难中失去了生命，沙滩上的酒店、餐厅等建筑被彻底摧毁，现场一片狼藉。同样，印度尼西亚的亚齐省也未能幸免，沿海村落几乎被海啸夷为平地，造成了大量的人员伤亡。斯里兰卡的东海岸与南海岸同样遭受了严重的破坏，无数生命在这场灾难中消逝，家园化为废墟。

据统计，这场海啸导致了超过20万人不幸遇难，不仅造成了巨大的经济损失，更让人们深刻认识到了海啸这种自然灾害的巨大破坏力。

为什么会发生海底地震

海底地震主要源于地球板块的持续运动。地球板块在不断地移动、相互碰撞与挤压，当能量累积到一定程度时，海底岩石会发生断裂，从而引发地震。

此外，海底火山活动也可能引发地震。地球内部蕴藏高温岩浆，当岩浆积聚的压力达到一定程度时，会寻找出口喷发。在这一过程中，大量的火山灰和气体被释放到海洋及大气环境中，有时会间接引发海啸。

值得注意的是，海底火山喷发不仅能够塑造出新的海底地形地貌，还能改变海洋环境，对地球的地质结构产生深远影响。

风暴潮是什么

风暴潮，亦称"风暴海啸""气象海啸"。它是由热带风暴、温带气旋或冷锋过境等天气过程引起的海面异常升高或降低的现象。风暴潮至浅水域猛烈增强，水位可高达数米，形成破坏力极强的巨浪。若风暴潮与天文大潮"碰头"，海水涨幅将更加骇人，甚至突破历史极值。一旦预测到海面高度可能接近或超过当地警戒水位，相关部门会立即发布风暴潮灾害预警，为沿海居民争取宝贵的避险时间。

　　风暴潮是中国最频发的海洋灾害之一。风暴潮的预警工作堪称防灾减灾的"生命线"。了解它的成因和危害，关注预警信息，是沿海地区群众保护生命财产安全的关键一步。

猜猜看

陆地是怎样变成大海的

早在古代，人们就已经觉察到了海陆的相互变迁，并创造了"沧海桑田"这个成语。沧海桑田比喻世事变迁巨大。造成海陆变迁的原因有很多，如地壳的运动和海平面的升降。人类活动也会造成海陆的变化，如填海造陆。

科学考察表明，喜马拉雅山脉在几千万年前是一片汪洋大海，岩石中含有鱼、海螺、海藻等海洋生物的化石。由于板块运动，印度洋板块与亚欧板块靠近，使得古地中海不断缩小，印度洋板块挤入亚欧板块下方，两大板块持续碰撞挤压，最终导致古地中海消失，板块抬升后形成喜马拉雅山脉和青藏高原。

夏天的大海
为什么会很"冷"

　　放暑假了，你想去哪儿呢？人们在盛夏时特别喜欢去海边，因为那里可以享受阳光、沙滩、海浪，更重要的是，在海边会感到比在陆地上凉爽得多。为什么夏天的大海会让我们感到如此清凉，有时甚至会觉得冷呢？海水为什么不容易结冰？大海总是充满了无尽的秘密与魅力，让我们一起踏上探索之旅，去揭开它的神秘面纱吧！

为什么海水这么凉

夏天，人们喜欢去海边避暑，虽然烈日炎炎，沙滩被晒得滚烫，可是从大海中吹来的海风却很凉爽，而大海里的海水有时还会给人一种冰冷的感觉呢！为什么会出现这样的情况呢？

人们研究发现，太阳带来的热量到达地球后，大部分被地球吸收了，只有一小部分会反射回大气中。陆地吸收太阳热量后升温较快，夜晚太阳热量散去后，降温也快。因此，陆地上白天热得快，夜晚也凉得快。

而海水却不一样，它升温慢，降温也慢，所以当沙滩已经被晒得烫脚的时候，海水温度却凉爽舒适，当人们在海水中游泳时，会感到十分惬意。

海洋对地球有什么作用呢

地球上的热量平衡主要由海洋调节，在维系地球气候稳定方面，海洋发挥着不可替代的关键作用。同时，海洋浮游植物通过光合作用，为地球大气贡献了约 50%—85% 的氧气，与森林及其他地表植物共同构成地球大气中氧气的重要来源。

人们把海洋与森林叫作地球的"两叶肺"。这"两叶肺"可不像我们人类的肺，人类的肺吸进氧

气、呼出二氧化碳,而地球的"肺"是吸进二氧化碳、呼出氧气。海洋"呼出"的新鲜氧气顺着海风扩散到空气中。因此,人们总会感觉海边的空气很新鲜,喜欢到海边度假。

海水可以储存热量

海水是半透明的,因此太阳光只能照射到海水的一定深度,无法无限穿透。经过长期的观察,人们发现到达水面的太阳辐射能,大约60%可以透射至海面1米左右,约18%可以达到海面以下10米左右;而到了海面以下100米的深度,太阳辐射能就只剩下极少量了。

海洋的储热能力很强,可以称得上是巨大的热能库。它强大的吸热能力,不仅能吸收太阳光的热量,还能将其输送到深层海水中储存起来。

海洋中的热量是怎么传输的呢

海洋把热量储存起来,同时通过洋流将热量输送到世界各地,这给人类的生活带来很多便利。赤道附近的海水吸收的太阳热量比两极多得多,洋流会把赤道附近的暖海水输送至两极地区,同时两极的冷海水也通过洋流向温暖的地方流动。

海上卷起的风浪使海水上下翻腾,从而让上下层海水的热量得以互相交换。夏季和白天时,海浪把表层的热量送到深层储存;到了冬季和夜晚,海水表层接收的太阳热量减少,温度降低,深层海水的热量又会传到表层。

海水为什么不容易结冰

海水结冰和淡水结冰的条件不一样。住在海边的人都有这样的体会:每当初冬冷空气来临时,陆地浅水池塘很快冻结一层薄冰,海洋却一点结冰的迹象都没有;到了深冬时节,江河封冻,而海面却照样波涛汹涌，海浪起伏。只有在寒潮频频暴发、空气长时间处于低温的情况下，海水才会出现结冰现象。这究竟是为什么呢？

小朋友可以尝试利用冰箱进行一项有趣的实验：分别拿一杯淡水和一杯咸度较高的盐水放进冷冻室。你会发现一个有趣的现象：淡水很快结冰了，盐水却迟迟不结冰。这说明了淡水和盐水的冰点不同，也就是使它们结冰的温度不同。一般淡水的冰点是0 ℃，而盐水中溶解了盐，需要比0 ℃更低的温

度才能结冰。

海水的平均盐度约是 35 ‰，这种盐度下海水的冰点大约是 −2 ℃。大海中不同深度海水的密度不一样，所以即使达到 −2 ℃，在海水对流强烈的情况下，也大大阻碍了海水结冰。此外，海洋受洋流、波浪、风暴和潮汐的影响很大，在温度不是足够低的情况下，冰晶是很难形成的。

海洋在大部分区域和时间里极少封冻，这对地球生态与人类活动意义重大。一方面，海水的流动性有助于调节全球气候，维持热量平衡；另一方面，它为海洋生物提供了稳定的生存环境，同时保障了冬季海上航运的正常通行。

冬天的海水会"热"吗

如果小朋友在冬天到海边去，会感觉海边的沙石比海水要凉。这是由于不同物质在同等条件下吸收的热量不同。在物理学中，我们用"比热容"这个物理量来表示这种特性。不同的物质，比热容一般不同。对于相同质量的不同物质，当吸收或放出同样热量时，比热容较大的物质温度变化较小。

水的比热容是沙石的几倍。海水能把吸收的热量储存下来，而沙石吸热快，散热也快，所以冬天沙石的温度比海水低。

五颜六色的
大海好漂亮

　　大千世界有各种各样的颜色，大地是黄色的，小草是绿色的。如果在蜡笔盒中挑选画笔画大海，小朋友往往会拿出蓝色的那支。我们是怎么辨别物体颜色的？为什么大海看起来是蓝色的呢？有没有其他颜色的海呢？下面让我们一起去探索大海的奥秘吧！

我们怎样看到物体的颜色

小朋友，你知道太阳光是什么颜色吗？可能你会好奇，太阳光怎么会有颜色呢！哈哈，告诉你哦，太阳光是由红、橙、黄、绿、蓝、靛、紫七种颜色组成的，雨后出现的彩虹就是一个很好的证明。

那我们是怎么看到物体颜色的呢？其实，物体本身并不会"自带颜色"。太阳光包含着各种不同波长的光，当照射到物体上时，物体会选择性吸收某些波长的光并反射其余部分。人眼接收反射光，其波长组合被大脑解读为特定颜色——此即我们所见的"物体颜色"。比如说，当物体反射的光是太阳光中的红色光，我们就会觉得这个物体是红色的。

海水为什么是蓝色的呢

同样的道理，太阳光照射进大海时，各种光线被海水吸收、反射和散射的程度不同，红光、橙光和黄光的光波较长，穿透力也比较强，所以水分子更容易把它们吸收。随着海水深度的增加，这些光就会完全被海水吸收掉啦！

蓝光、紫光和一部分绿光的波长相对较短，在海水中的穿透力较弱。因此，当这部分光进入海水后，海水中的水分子和溶解离子会将它们向各个方向散射。其中，散射回海面上方的光进入我们的眼睛。由于人眼对紫光敏感度较低，主要感知到的是蓝色与少量绿光的混合，这种混合色呈现为蔚蓝色，因此我们看到的海洋也就呈现蓝色。

为什么不同深度的海水颜色不同呢

小朋友，可不要以为海水都像墨水一样哦。海水本身是透明的，只有在大海中，海水才会呈现出蓝色。而且，随着海洋深度的增加，海水看起来会更蓝。

不同深度的海水对太阳光线的吸收和散射程度不同。当海水较浅时，由于散射作用，海水会呈现出蓝绿色；海水越深，绿色光就会越少，这时我们看到的海水就变成了深蓝色甚至是黑色。

红海为什么是红色的

在亚洲阿拉伯半岛与非洲东北部之间，有一片狭长的海域，人们管它叫红海。远远望去，海水表面闪着红色的光芒。为什么这里的海水是红色的呢？

经过考证，红海的红色主要是由特殊藻类造成的。这种藻类喜好高温环境，生长繁殖速度极快，可能一夜之间就覆盖整片海域。作为世界上最热、最咸的海域，红海为它们提供了理想的生存环境。当这些藻类死亡后，其细胞内的红褐色色素释放出来，大量呈红褐色的藻体漂浮在水面时，海水便呈现出红色了。

其实红海得名的说法还有很多。例如，传说在远古时代，交通工具不发达，人们走到红海边上时，发现它的两岸是连绵不断的红黄色岩石，这些岩石把光反射到海上，海水泛着红光，于是人们就称这片海域为"红海"啦！

彩色海洋都是怎么形成的

黄海，位于我国东部，因大片水域的水色呈土黄色而得名。这是因为我们的母亲河黄河携带了大量泥沙，这些泥沙随黄河水注入黄海后，使黄海的泥沙含量显著增加，海水也因此变得比较浑浊，最终呈现出独特的土黄色。

白海：位于北冰洋深入俄罗斯西北部的边缘海，因每年有长达半年以上的时间被厚厚的白色冰层覆盖，远远望去像一块巨大的白玉，所以得名"白海"。

绿海：在波罗的海的某些海湾，夏季常出现神奇的"绿海"景观！科学家认为，这主要与海水中爆发的大量微型藻类有关。它们体内的叶绿素等色素，会使阳光在穿透海水时呈现出翡翠般的绿色。这种现象多出现在河流入海口附近，可能因为河水带来了藻类生长需要的营养物质。当藻类密集繁殖时，海水就会变得像透亮的"绿色果冻"啦！

小朋友，你知道吗？大海原本是透明的"水精灵"，是这些神奇的"调色师"让它变得五彩斑斓哦！

黑海怎么越来越黑

小朋友知道大海一般是蓝色的，可是在欧洲东南部和小亚细亚之间有一个内海，从高空看去呈现深邃的暗色调。

黑海拥有独特的双层海水结构：深层区是来自地中海含盐度较高的水，密度非常大；浅层区却是由河流注入的低盐度水，密度很小。

这种密度差异像一道无形屏障，阻碍了海水上下交换，导致约200米以下水体氧气极度缺乏。上层生物遗体沉入深海后，厌氧微生物会分解它们，产生硫化氢气体。这种气体与海底沉积物中的铁元素结合，就会形成大量黑色硫化物淤泥。再加上水体本身对阳光的强烈吸收，以及黑色淤泥的反光作用，使得整片海域视觉上显得幽暗深沉，因此得名"黑海"。

猜猜看

为什么海边的沙滩是金色的

沙滩上的沙主要由河流搬运来的沉积物构成，包括河流侵蚀沿岸产生的物质和来自海底的泥沙，其主要成分是石英砂、长石和方解石。长石和方解石的硬度低，很容易发生化学分解，但石英的硬度比较高，所以经过海水的溶蚀、分解后，沙滩沉积物中留下的绝大部分是不易分解的石英砂。

我们看到的沙滩的颜色基本上是石英砂的颜色。石英砂大部分是乳白色或淡黄色的，黄白掺杂在一起，一眼望去沙滩就是金色的啦！

海水的秘密

蓝色的大海令人陶醉,但当我们品尝海水时,会发现它咸涩难咽,远非想象中的清爽可口。这也是为什么渔民出海时总会携带足够的淡水。海水不仅不能解渴,反而会越喝越渴。为什么海水又苦又涩呢?海水的盐是从哪儿来的?海水能变成淡水吗?让我们一起去探寻海水的奥秘吧!

海盐是从海水中提炼出来的

小朋友，你知道吗？我们日常食用的那些洁白如雪的海盐，其实是从大海中提取出来的哦！想象一下，在美丽的海边，分布着一片片盐田，人们巧妙地引导海水流入盐田。随着阳光的照射，海水不断蒸发，浓度逐渐升高，海水中便会析出白花花的盐晶体。

接下来，人们会小心翼翼地把这些结晶的海盐取出来，再进行晾晒和加工，海盐就变成了我们平时在厨房里使用的那种精制食盐啦！所以，每当我们享用美食时，别忘了感恩大海的馈赠哦！

为什么海水又苦又涩呢

根据统计，1 立方千米的海水中含有 3000 多万

吨的盐类。小朋友，你可不要认为它们都是我们吃的盐哟。只有氯化钠才是食盐，而其他如氯化镁、碳酸镁等，都带有苦涩的味道。

因为海水所含的氯化钠是咸的，而氯化镁是苦的，其他盐类也含有各种苦涩的成分，所以海水喝起来又苦又咸，还带点涩味。因此，以前住在海边的人们常常靠打井来获取地下淡水饮用。

海水的盐是从哪儿来的

大海的水，很大一部分来自陆地上的江河汇集。雨水落到地面上，向低处流淌，形成一条条的小溪，再汇入江河；还有一部分雨水渗入地下，成为地下水，之后通过泉眼涌出，也流进江河。最后，江河水奔腾着汇入大海。

水在流动的过程中，会经过很多地区，接触多种多样的岩石。地表的岩石和土壤中含可溶性盐类矿物，水流经过时，部分可溶性盐分便溶解进了水中。因此，有些江河或湖泊会积累盐分，呈现淡淡的咸味；这些携带溶解盐的水流经的区域越多，溶解的盐类物质越丰富，最后将其输送进大海。

海水不停地蒸发，但蒸发的水汽最终会通过降水返回海洋，因此海水中的盐度不会持续升高。海洋从最初形成到现在已经有几十亿年了，河流持续将陆地盐类输入海洋，经过漫长的积累，海水才会那么的咸。

海鱼是怎么"加工"海水的

海水中有很多生物，它们都非常适应海水环境。你可能会好奇，海鱼为什么可以生活在这么咸的海水中？

实际上，海水中盐的浓度比鱼血液的浓度要高很多，因此鱼体内的水分会通过鳃膜不断向外渗透。但是鱼类对于咸咸的海水，也有自己的应对方法哟！

海鱼有很强的排盐能力。它们的秘密武器——鳃片，就是专用的排盐器官。鳃片中含有一种"泌氯细胞"，这些细胞就像精密过滤泵一样，主动将体内多余的盐分排出体外，同时配合吞咽海水补充流失的水分，维持生命平衡。

海水能变成淡水吗

大自然中的淡水资源特别有限，我们从海水中提取过盐分，那么能不能换一个思路，把海水中的盐过滤掉，把海水变成淡水呢？那样我们就可以喝海水了。

海水变淡水可是人类许多年的梦想，现在人们已经研究出许多淡化海水的方法。

蒸馏法：最早人们采用的海水淡化方法，其基本原理是加热海水使其蒸发，盐分则留在剩余的浓盐水中。产生的水蒸气被引导至一个温度较低的冷凝表面，水蒸气在此处遇冷凝结，就得到了液态的淡水。

冷冻法：利用海水冷冻结冰时纯水形成冰晶，盐分则溶在未结冰的咸水中的原理，通过分离洗涤和融化冰晶获取淡水。

但是这两种方法都不尽如人意，蒸馏法耗费大量的能源，冷冻法得到的淡水矿物质含量较低，口感较平淡。

新式反渗透法被广泛应用

1953年，出现了一种新的海水淡化方式——反渗透法。人们利用一种半透膜，只让水分子通过，从而截留盐离子，于是就得到了淡水。

反渗透法的能量消耗仅为蒸馏法的几分之一，而且添加矿物质后的淡水味道良好，所以被很多国家应用。

不管用哪种方法，淡化海水都给人类带来了很大的便利，为许多淡水资源稀缺的国家提供了方便。

盐都能吃吗

小朋友，说到盐，你可能会马上想到我们平时炒菜用的食盐。其实盐的世界可是丰富多彩呢！比如我们家里常用的84消毒液、味精，还有妈妈做面食时用到的小苏打，这些都含有盐的成分。

小朋友，你一定要牢牢记住：不是所有的盐都能吃哦！有些盐对我们的身体有害，吃了会生病。所以，千万不可以因为好奇而随便品尝那些不认识的盐。我们要学会保护自己，远离危险。请记住，安全永远是第一位的！

海雾的"障眼法"有多厉害

深秋之际，雾气如轻纱般将整个城市笼罩，楼下花园的景色恍若仙境。小朋友，美丽的雾景背后也隐藏着危险。大雾容易引发交通事故，也给人们的日常生活和工作带来诸多不便。然而，海雾的威力更为惊人，它擅长施展"障眼法"，使海面变得危机四伏。那么，海雾究竟是如何形成的呢？它又会带来怎样的影响呢？让我们一起揭开这层神秘的面纱，探索其中的奥秘吧！

"多里亚号"的海难

1956年某夜,一艘灯火辉煌的瑞典客轮"斯德哥尔摩号"在海上航行。这艘装有航海雷达的邮船,经常来往于美国和瑞典之间。然而,就在它刚驶离港口,以全速破浪前进之时,它完全没有意识到一个极大的危险正一步步向它靠近。

在"斯德哥尔摩号"的前方航线上,另一艘意大利客轮"多里亚号"已越过大西洋,正在向纽约港靠近。它是刚建成不久的豪华客轮,装有先进的雷达,航行于意大利到纽约的航线上。

晚上11点半,"多里亚号"航行到灯塔以西

的广袤海域，快要到纽约了，乘客们都很高兴。然而，就在这时，一声震耳欲聋的巨响伴随着剧烈的震动传来，"斯德哥尔摩号"的船头猛地撞进了"多里亚号"右侧的中部。

当时，"多里亚号"的航速约为42.6千米/小时，"斯德哥尔摩号"的航速约为34.3千米/小时。由于两船相向航行，实际接近速度达约为76.9千米/小时——相当于两辆以77千米/小时高速行驶的汽车迎面相撞。如此剧烈的碰撞导致现场十分惨烈。

海水迅速地涌进"多里亚号"的船舱，导致船体严重右倾。左舷的救生艇也没有办法从吊艇架上放下海去，严重影响了自救工作。最终，"多里亚号"沉入了大西洋，致使船上40余人在碰撞中不幸遇难或失踪。

"斯德哥尔摩号"的船头也遭受了严重损坏，锚丢失在大海中，船头部分已破碎不堪，船体甲板上的建筑物纷纷掉落海中，整艘船几乎成了一艘无头船，随后这艘船被拖到美国的船厂修理。幸运的

是，"斯德哥尔摩号"上的人员无一伤亡。

海难发生的原因是什么

调查中发现，造成这场海难的原因与海上的雾气密切相关。

当时海面大雾弥漫，驾驶员肉眼无法看清前方船只。虽然两艘船都装有雷达，但由于它们正行驶在靠近陆地水域，雷达电波受到陆地和岛屿的干扰，加上海面能见度极低，最终未能及时发现对方，导致了这场海难。

海雾的种类有哪些

船只在茫茫大海中航行，本来就充满未知的危险，更别说天气也跟着捣乱了！

海雾是指出现在海面或沿海地区的雾。由海面游移到滨海陆上的雾，亦称"海雾"。海雾可分为五种：平流海雾、混合海雾、蒸发海雾、辐射海雾、地形海雾。

海雾持续时间较长，有时甚至终日不消，出现时间也不固定，是海上和沿海地区航海、航空和陆上交通的一种灾害性天气。

平流海雾是怎么形成的

当暖空气从温暖的水面流向冰冷的水面时，它会逐渐冷却，凝结成小水滴，悬浮在空中，这些水滴越聚越多便形成了雾。这种雾一般比较浓，雾区范围大，持续时间长，能见度低。

冬季，中国沿海地区是平流海雾多发区，春夏季节转换之时，东部海域沿岸也常出现平流海雾。

平流海雾根据流经海面的空气性质可分为平流冷却雾和平流蒸发雾两类。

混合海雾是怎么形成的

混合海雾是指由两种或多种原因共同作用形成的雾。较为常见的一种形成过程是两团接近饱和状态的空气在水平方向上相互混合，当达到饱和后，空气中的水汽发生凝结，进而形成了混合海雾。

混合海雾常出现在海陆气温差异显著，同时风力又比较微弱的海岸周边区域。在这样的环境条件下，不同性质的空气更容易相互交汇混合。需要注意的是，降雨并非产生混合雾的必要条件，只要存在合适的空气湿度、温度差异以及气流交汇等情况，就有可能形成混合海雾。

蒸发海雾是怎么形成的

蒸发海雾主要有两种方式。

一种是海上下雨的时候，雨滴落到海面后会慢慢蒸发，变成看不见的水汽。这些水汽越来越多，让海面上方的空气像吸饱了水的海绵一样达到"饱和"状态，多余的水汽就会凝结成小水滴，形成白茫茫的海雾。

另一种是在高纬度的寒冷海域——那里的海面结着厚厚的冰，冰面的裂缝里藏着低于0℃却还没结冰的"过冷水"。这些过冷水会悄悄蒸发成水汽，升到低空后，因为周围太冷，很快就凝结成雾，远远看去就像冰雪世界里冒出来的"烟雾"，科学家还给它起了个特别的名字叫"冰洋烟雾"。

辐射海雾是怎么形成的

地面和近地层空气辐射冷却，气温降至露点以下形成的雾，我们称之为辐射海雾。

辐射海雾常出现在晴朗和相对湿度较高的夜晚。天气晴朗时，地表和地表附近的大气迅速冷却；因相对湿度高，较小的冷却就会使气温降至露点温度。

如果大气静止，雾通常呈分散状，厚度不会超过1米。要使辐射海雾在垂直方向扩展，则需风速为3—5千米/时的微风，从而产生足够的扰动将雾向上带到10—30米而不消散。但风速过高会造成与上层较干空气的混合而使雾消散。

辐射海雾多发生于秋冬两季的后半夜或清晨，常见于低洼潮湿的山谷、洼地、盆地等区域。辐射海雾一般在日出前后达最强，至8—10时因空气受热升温、逆温层被破坏而消散。

地形海雾是怎么形成的

地形海雾是海边一种常见的雾，它的形成和沿海的地形密切相关。海面上的空气通常含有较多水汽，比较潮湿。当这些潮湿空气遇到岛屿，或是靠近岸边有坡度较缓的地形时，会顺着地形慢慢向上爬升——这个过程被称为"轻微斜升作用"。空气在上升过程中会逐渐冷却，而冷却后的空气能容纳水汽的能力会下降。当空气冷却到一定程度，原本含有的水汽就会超过它的"承载量"，多余的水汽便会凝结成细小的水滴，大量小水滴聚集在一起，就形成了我们看到的地形海雾。

简单来说，地形就像一个"冷却器"，让海面上的潮湿空气在爬升中降温、凝结，最终形成了这种与地形紧密相关的地形海雾。

雾和霾是一样的吗

在天气预报中，我们经常听到"雾霾""大雾""阴霾"的说法，"雾"与"霾"时而连用、时而分开，那么它们到底是同一种物质吗？

雾是由悬浮在空中的微小水滴或冰晶组成的水汽凝结物。当空气中有凝结核时，饱和空气如继续有水汽增加或继续冷却，便会发生凝结。凝结的水滴如使水平能见度降低到1千米以内时，雾就形成了。霾是指大量肉眼无法分辨的颗粒悬浮空中导致大气呈混浊状态的天气现象。霾出现时能见度小于10千米。一般情况下，霾的主要成分是细颗粒物，也就是常说的PM2.5。

比较来看，雾的成因跟空气湿度和温度相关，是一种天气现象；而霾的形成和人类活动有关，所以霾可以说是一种污染现象。这两者本质显然不同，唯一的相同点是两者现象相同，即能见度下降。又因为霾中的尘埃或烟屑可以作为雾的凝结核，这时就被称为"雾霾"，但是对人体有害的是霾中的尘埃或烟屑而非雾。

大海里也有海流吗

在辽阔的陆地上，连绵起伏的崇山峻岭，纵横交错的河流湖泊，还有那坦荡如砥的平原，这些壮丽景致共同构建了我们美丽的家园。那么，你可曾想过，深邃的海洋中也隐藏着与陆地同样复杂多变的地势形态呢？虽然听起来有些不可思议，但答案只有亲自去探索才能揭晓！来吧，让我们勇敢前行，去揭开海洋的神秘面纱吧！

大海里也有海流吗

小朋友，你在大海边玩过漂流瓶吗？当你把漂流瓶扔进大海后，大海会把它带到很远很远的地方。也许有一天，它会在某个地方靠岸，这个装满心愿的小瓶子会被陌生人打开。为什么小瓶子会漂到那么远的地方呢？难道大海中也有流动的海河吗？

1962年6月，人们在澳大利亚佩斯附近的海域投放了一批漂流瓶，5年后，这些瓶子中的一部分竟

然在美国佛罗里达州的迈阿密被发现了。

科学家推测，这些瓶子曾跨越好望角，沿非洲大陆西海岸北上，横渡大西洋，完成了一段长距离的旅程。

100多年来，人们经过对约15万个漂流瓶的轨迹进行研究，发现整个海洋中存在数十条主要的海流。其中最大的海流规模大得简直令人叹为观止。

船员利用这些海流送信件、递情报，渔民则依靠它来预测鱼群的动向，从而更有效地捕鱼。

海流是怎么形成的

海流，又称"洋流"，指沿着一定方向大规模流动的海水。大海是一个巨大的水体系统，为何会形成海流呢？经过深入研究，人们发现了两大成因。

首先，海面上的风力是驱动海流的重要因素之一。由风作用于海面而产生的切应力所引起的海流，我们称之为风海流。表面海水的运动借海水摩擦作用传递至深层，并引起下层海水运动。世界各大洋近表层的某些主要海流属于此类。

其次,不同区域海水的温度和盐度有所不同,会造成海水密度差异,在海水密度不同的两个海域之间会产生海水的流动,形成密度流。

另外,还有一种观点认为,由于地球是圆形的,海洋中的等压面往往是倾斜的。这种倾斜在水平方向上产生了一种引起海水流动的力,从而也有助于海流的形成。

海流有什么作用

海流按其水温低于或高于所流经的海域,可分为寒流和暖流。

寒暖流交汇的海区,海水受到扰动,下层营养物质被带到表层,为鱼类提供"美餐",这样有利于鱼类大量繁殖。两种海流形成"水障"，在一定程度上限制了鱼类的活动范围，使得鱼群集中，从而形成了大规模的渔场。例如，纽芬兰渔场和日本北海道渔场就是这样形成的。

除此之外，有些渔场的形成则是因为海区受离岸风的影响，深层海水上涌，把大量的营养物质带到表层，如秘鲁渔场。

海流还可以把近海的污染物质携带到其他海域，有利于污染物的扩散，加快了净化速度，但这也可能导致其他海域受到污染，使污染范围扩大。

利用海流发电比利用陆地上的河流发电要高效得多。它既不受洪水的威胁，又不受枯水季节的影响，而且有常年不变的水量和一定的流速支撑，完全可以成为人类可靠的能源。

小朋友，你看，海流对我们人类的生活是不是帮助很大呢？

什么是等压面

前文中提到海洋中的等压面往往是倾斜的，小朋友，你知道什么是等压面吗？

等压面简单地说就是气压相同的面。在天气预报中，我们经常听到高气压、低气压这些词儿。在副热带高压的控制下，天气炎热，人们汗流浃背；相反，在冷高气压的控制下，天寒日晴，朔风刺骨。那如何确定高压和低压的分布情况呢？这就需要我们的等压面了。

海拔高度和地面冷热的不同导致气压的不同。同一高度，气温不同，各地气压也不相等。等压面是空间气压相等的各点所组成的面，因此等压面在空间不是平面，而是像地形一样起伏不平。

小朋友，天气变幻莫测，我们要逐步了解它。我们不仅要了解地面气压的分布和变化，还要弄清气压的空间分布和变化规律。只有将高空与地面结合起来，才能全面、深入地摸清天气变化的规律。

潮起潮落
是怎么回事

在海边游玩时，我们有时会从海滩上捡起一些美丽的贝壳、海星……它们不是生活在海中吗？是谁把它们带到海滩上来的呢？有时，海水会泛着白沫向海滩扑来，一片片的海滩就被海水浸泡；而有时，海水又像一个懂事的孩子，悄无声息地退回大海的怀抱。这到底是为什么呢？是谁把海水推上来，又拉下去的呢？现在，让我们一起去揭开这神秘的面纱吧！

潮涨潮落是怎么形成的

　　潮汐是海水的一种周期性涨落现象，它的成因与月球和太阳对地球的引力有关。一天中，通常可以观察到两次海水涨落。古人将白天的海水涨落称为潮，夜晚的海水涨落称为汐，合称潮汐。

　　为什么海水会出现这种周期性的涨落现象呢？其实这是由月球和太阳对海水的引力造成的。根据万有引力定律，宇宙中一切物体之间都是相互吸引的。月球和太阳对地球的引力，会作用在地球的每一部分。

　　由于陆地表面是固态的，所以引力带来的表面变化不太容易看出来。但海水就不一样了，它呈液态，因此在月球和太阳引力的作用下会产生流动，这样就会形成明显的涨落变化。

是月球引力引起的变化吗

　　太阳和月球都会引起潮汐现象，但是由于太阳离地球特别遥远，所以对海水的引力较小。月球虽然比太阳小，但是它离地球较近，所以月球的引力是引起潮汐现象的主要因素。

当海洋随地球运转处于正对月球的位置时，海水不仅受到月球强大的引潮力作用，还同时受到地球与月球相互绕转产生的惯性离心力影响，这两种力量的共同作用使得海水向外涌起，形成涨潮现象。随着地球继续自转，海洋逐渐远离月球，月球的引潮力逐渐减弱，海水开始回落，形成落潮。当海洋运转到背向月球的位置时，月球的引潮力降至最小，但此时海水在离心力的作用下仍然会向外膨胀，再次形成涨潮。随着地球的自转，当海洋再次接近但并未正对月球的某个位置时，海水又会因为月球引潮力的相对减弱而回落，形成第二次落潮。这就是潮汐现象的基本成因。然而，实际情况中的潮汐现象远比这复杂，还受到多种因素影响。

太阳也会引起潮水涨落吗

太阳对海水的引力虽然很小，但仍然会对海水产生一定的影响。由于太阳的加入，潮汐运动变得更加复杂了，人们对此也做了一定的记录。

农历每月的初一和十五前后，太阳、月球和地球三者近似处于一条直线上，太阳和月球引起的潮汐相互叠加，使海面涨落的幅度较大，被称为大潮；在农历初七和二十二左右，地球、月球和太阳形成直角，由于太阳和月球对地球潮汐的影响部分抵消，所以所产生的潮汐高度也较低，被称为小潮。

海潮有哪几类

除此之外，海潮涨落还会受到各种天气、地形的影响。因此，有的地方一天会出现两次涨潮，两次落潮，人们称为半日潮；有的地方只有一次涨潮，一次落潮，人们把它叫作全日潮；此外，还有的地方潮涨潮落没有规律，两个相邻的涨潮或落潮时间并不确定,人们管它叫混合潮。

我国南海多数地方的海潮属于混合潮。比如榆林港,十五天会出现全日潮,其余日子就是不规则的半日潮,而且潮的大小差别也较大。

什么是咸潮

咸潮是一种在沿海河口区域发生的水文现象,主要由太阳和月球(尤其是月球)对地表海水的引力作用引发。在涨潮时,海水会自河口沿河道向上游上溯,致使海水倒灌入河,江河水变咸,这种现象被称为咸潮。

咸潮一般发生于冬季或干旱的季节,即每年十月至次年三月之间出现于河海交汇处,如中国的长三角和珠三角周边地区。咸潮的出现对居民生活、工业生产以及农业灌溉都带来显著的影响。自来水会变得咸苦,不再适宜饮用;工业生产中若使用含盐分高的水,可能会对机器设备造成损害;而在农业生产上,使用咸水灌溉农田会导致农作物生长受阻,甚至枯萎死亡。因此，咸潮往往给沿海地区的居民生活和工农业生产用水带来诸多负面影响。

潮汐可以被人们利用吗

沿海各地，每日潮涨潮落的时间比较规律。人们在海边的许多活动，如潮间带（指退潮时露出水面，涨潮时被潮水淹没的海岸地带）采集和养殖、沿海港口建设和航运、潮汐发电等，都需要充分认识并利用潮汐规律。除此之外，海潮在一些军事行动中也产生了重要影响，历史上就有不少利用潮汐

规律而取胜的战役。

诺曼底登陆是第二次世界大战中的关键战役。1944年，盟军在英国集结，计划在夜间横跨英吉利海峡，登陆法国诺曼底地区。此战涉及多兵种的合作，海军要求在海水水位最低时行动，便于爆破队破坏德军在海岸带布置的障碍物，保护登陆舰安全靠岸；陆军登陆部队要求在海水水位最高时行动，减少士兵在海滩上暴露的时间；空降部队要求行动时有明亮的月光，便于识别地面目标。最终指挥部选择了6月6日（农历四月十六）作为登陆日。

小朋友，你知道为什么选择这一天吗？这是在综合考虑天气、海况等因素后，利用潮汐规律，把登陆时间选择在潮汐现象最为明显的月圆之夜。

猜猜看

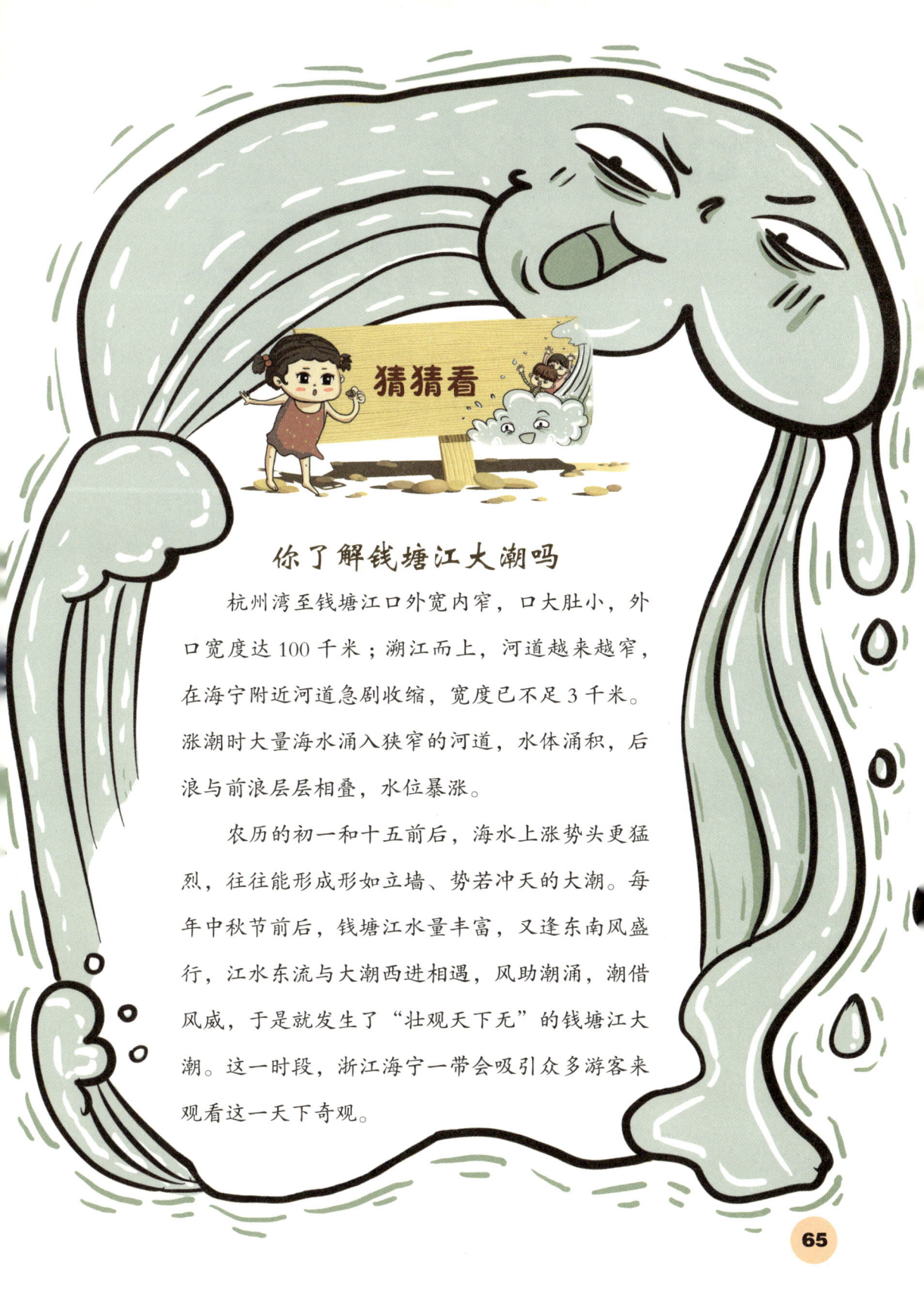

你了解钱塘江大潮吗

杭州湾至钱塘江口外宽内窄，口大肚小，外口宽度达 100 千米；溯江而上，河道越来越窄，在海宁附近河道急剧收缩，宽度已不足 3 千米。涨潮时大量海水涌入狭窄的河道，水体涌积，后浪与前浪层层相叠，水位暴涨。

农历的初一和十五前后，海水上涨势头更猛烈，往往能形成形如立墙、势若冲天的大潮。每年中秋节前后，钱塘江水量丰富，又逢东南风盛行，江水东流与大潮西进相遇，风助潮涌，潮借风威，于是就发生了"壮观天下无"的钱塘江大潮。这一时段，浙江海宁一带会吸引众多游客来观看这一天下奇观。

死海为什么不会淹死人

死海，听起来似乎是个神秘与恐怖的地方。如果你以为它会夺人性命，那可真是误会它了！在死海这片神奇的水域中，即便毫无游泳技能，也能毫不费力地漂浮起来。想象一下，你只需要挺直身体，轻轻抬起头，就可以像躺在柔软的床上一样，舒服地在水面上打个瞌睡。这真是太神奇了！那么，既然死海如此神奇，为什么还会被称为"死海"呢？为什么人在这里不会沉下去呢？让我们踏上神奇的探秘之旅，去揭开这些谜团吧！

死海是怎么来的

有一个传说，在远古时期，死海所在的位置曾是一片繁荣的大陆。那时，村里许多男子沉湎于恶习，不思进取。先知鲁特努力劝诫他们改邪归正，但他们拒绝悔改。

上帝看到这一切，决定给予他们严厉的惩罚。他暗中告诉鲁特，让他带着家人在某日离开村庄，并特别强调，无论身后发生什么，都不准回头。鲁特按照规定的时间离开了村庄。然而，他的妻子由

于好奇，忍不住回头看了一眼。就在那一瞬间，整个村庄塌陷了，取而代之的是一片浩渺的大海——死海。由于违背了上帝的告诫，鲁特的妻子瞬间化作了石人。经过无数岁月的洗礼，她依然屹立在死海附近的山坡上，日夜凝望着这片海域。

据说上帝为了惩罚那些执迷不悟的人，便让死海中没有任何生物存在，周围也寸草不生，这也是死海得名的原因。当然，这只是一个神话故事。实际上，死海是一个咸水湖，是大自然的神奇造化。

死海的奇迹

死海，这片看似荒芜的海域，曾流传着一个充满传奇色彩的故事：它救下了一群无辜的奴隶。

古代，一支军队包围了耶路撒冷，统帅为了给那些反抗的人们一个严厉的教训，决定处死一些奴隶。他命令部下给这些奴隶戴上镣铐，然后将他们投入死海。然而，意想不到的事情发生了。这些奴隶仿佛戴上了神奇的救生圈，无论如何都不往下沉。

统帅反复尝试，但这些奴隶总是被水流送回岸边。

统帅又惊又怕，再次下令将奴隶扔进海里，但结果仍然一样。他感到非常恐惧，以为有神灵在保佑这些奴隶。最终，统帅只好赦免了这些可怜的奴隶。

小朋友，你一定猜到了吧？救下这些奴隶的正是死海。如果统帅知道死海的秘密，他或许不会轻易放弃。

为什么死海淹不死人

死海的面积大约是1020平方千米，南北长约80千米，东西宽4.8千米—17.7千米。它的北部最深，南部最浅。湖面低于地中海海面432.5米，平均水深300米，最深395米，为世界陆地最低处。这种独特的地理形态使得死海长期保持着分层状态，各水层之间互不混杂。更关键的是，不管哪一层海水，都蕴含着极高的盐分。

物体在水中的沉浮，主要取决于物体与液体的密度关系。人的身体密度比普通水的密度稍高一点，水虽然有浮力但也无法把人托起，所以人掉到河里或者密度低的海里就会沉下去。

死海的水含盐量极高，可达到25%—30%，这种水的密度大大超过了人体的密度，超高的盐分带来了超强的浮力，所以人在死海里根本不会下沉。即使你想往水下钻，死海的水也会把你托上来。

不过，死海里的水对人也是有危害的。如果不小心掉入死海，海水溅进眼睛里，可能会对眼睛造成很大损伤。如果不小心喝了一口海水，可能会让你的胃难受好几天。如果身上有伤口，进入死海后可能会感到疼痛难忍。

因此，下死海前，一定要做好防护，这样才能安全地探索这片神奇的海域。

死海为什么含这么多的盐

死海之所以有这么高的盐分，与它周围的环境有很大关系。死海的周围几乎都是高达几百米的悬崖绝壁，附近也都是荒漠、砂岩和石灰岩层，仅有约旦河等内陆水流注入,却没有河流往外流动。河流把周围岩石的盐分带入死海,却没有再把含有盐分的水流出去。

而且这里的气候炎热干燥,湖水大量蒸发,水中所溶解的盐类都积聚在湖内。就这样,经历很长很长的时间后,死海中所含的盐分越来越多,成了高浓度的咸水湖。

死海中为什么没有生物

死海的水又苦又咸,还带着黏稠感,湖里蕴藏着丰富的溴、碘、氯等化学元素,在这样的极端环境里,绝大多数生物很难生存。因此,死海中既没有水草,也没有鱼儿,连湖的四周也是寸草不生,一片荒凉。

然而,最近科学家发现,死海也不完全是"死"的,一些耐盐的绿藻和几种特殊的细菌依然可以生活在这里。

死海真的要死了吗

死海如今处境堪忧，水量一天天减少。在漫长的岁月中，死海不断地蒸发浓缩，导致湖水越来越少，盐度越来越高。

在中东地区，夏季气温高达40℃以上，主要向它供水的约旦河水也被用于灌溉，这使得死海面临着水源枯竭的危险。如果这种趋势持续下去，也许在不久的将来，死海将不复存在。

科学家意识到这个危机后，提出了一个大胆的设想：开掘一条连接地中海的运河，让地中海的水灌入死海中，同时建一个瀑布来发电。

我们衷心希望这个想法能够尽快付诸实践，救活正在干涸的死海。毕竟，死海作为大自然的神奇造化，不仅拥有独特的自然景观，还承载着丰富的历史和文化内涵。让我们共同努力，保护这片珍贵的自然资源，让死海继续焕发生机和活力。

什么是浮力

浮力，顾名思义就是一种向上浮的力，指物体在流体中受到的向上托的力。浮力的大小等于被物体所排开的流体的重量。水、大气都是有浮力的。

在地球上，物体能否浮起来，取决于它所受到的浮力与其他力（如地心引力）的大小关系。地球对万物都有引力，也就是我们常说的重力；而大气对人主要产生的是压力，并非引力。由于大气压力分布相对平衡，且人所受地球引力大于空气提供的浮力，所以人不会飘起来。

然而，氢气球的情况却截然不同：氢气的密度比空气小很多。因此氢气球排开空气所产生的浮力大于气球自身的重力。因此，只要你一撒手，氢气球就会在浮力的作用下飞上天空。

海洋中有没有会唱歌的动物

　　小朋友，你听过最美妙的歌声是什么呢？在浩瀚无垠的大海中，有一群著名的"歌唱家"，它们的歌声美妙得让人惊叹，它们就是鲸。如果不借助仪器，人类很难听到鲸发出的许多声音，尤其是低频次声波。但是这些声音对于鲸来说可是很重要的哟！让我们一起去认识鲸吧！

鲸群中神奇的流行歌曲

鲸作为海洋中著名的"歌唱家",并非随时都会"表演"哦!它们只有在特定时期,比如在繁殖季节、迁徙期间才会歌唱。不同种群拥有独特"方言",同一鲸群每年更新"曲目",仿佛为特定的场景量身定制。

更令人惊叹的是,有些鲸每年会革新整套歌

声，如同歌手创作新曲。新旋律通过群体社交学习传递至整个族群。不过，大多数鲸的声音通常稳定不变。

鲸的歌声还可以多方通话

鲸是一种用低频声波进行交流的海洋动物。鲸的语言是一种低频声波信号。水中其他动物很难听到，即使是人类，也只能借助工具才能探测到。因此，这些信号发出去后，不容易被其他生物接收到而产生干扰，既能很好地把信号传给自己的同伴，

又能减少因发出声音而暴露位置的风险,避免引来捕食者的捕杀。

谁让鲸迷惑了

近年来,人类活动不断扩展,海上活动也日益频繁。然而,在追求"造福人类"的过程中,我们往往忽视了这些活动对海洋生物,特别是对声音极为敏感的鲸类所带来的潜在威胁。尽管人类对这些

活动产生的声音可能并不敏感，但对于鲸而言，这些声音却可能严重干扰它们的正常生活，甚至对它们的生存构成威胁。

鲸类有相对固定的迁徙路线和栖息地，虽然每年都会迁徙，但最终会回到自己熟悉的领地，它们熟悉这片海域的地貌、海岸线特征及迁徙路线。然而，鲸所熟悉的地方却逐渐被人类占据。当鲸再次发出寻找同伴的声音时，这些信号往往被人类的噪声干扰，导致其他鲸无法接收到信号。即便有些鲸能够接收到信号，也难以辨识声音的真伪。这无疑给鲸群的交流和生存带来了极大的困扰和威胁。

为何鲸会搁浅海滩

近年来，鲸搁浅的情况越来越多，人们一直找不到确切的原因。

有人说鲸得了"孤独症",这一说法虽无直接证据,但如果存在这种可能,或许是因为与其他鲸无法正常通讯造成的吧!还有人对搁浅的鲸做了检查,发现它们的耳朵受到了噪声的严重伤害,脑部及耳骨周围均出现了血迹。

科学家称,海洋哺乳动物十分脆弱。人类海上军舰的声呐、回声测深仪发出的声波及水下爆炸的噪声,会使鲸的回声定位系统发生紊乱,导致它们失去方向感,甚至到了浅滩也无法判断,最终不慎搁浅,再也无法返回大海。

为什么我们听不到鲸的歌声

不同的动物感受声波的频率范围不同。有些动物对高频声波敏感，有些对低频声波更敏感。一般来说，人耳可以听到的声波频率是20Hz—20000Hz，低于20Hz的称为次声波，高于20000Hz的则称为超声波。部分鲸类在游动时会发出超声波进行回声定位，以确定海山等障碍物的位置。因此，如果不借助仪器，我们是听不到鲸用于回声定位的超声波的。

超声波原理如今在我们的生活中应用十分广泛。比如汽车的倒车雷达，提示声越急促，证明车身离障碍物越近。科学家还利用这个原理发明了声呐。利用声呐系统，人们可以探知海洋的深度，还可以获得水中鱼群的信息。

凶猛的鲨鱼为什么不主动攻击人类

大海中最残忍、最凶猛的角色是谁呢？相信很多人都会想到有着尖尖牙齿的鲨鱼。如果在海上航行，哪怕只是看到鲨鱼的背鳍，人们都会感到浑身发麻。因此，人们把它称为"海中狼"。不过，"海中狼"很少攻击人类，让我们一起去一探究竟吧！

鲨鱼与人类的友好时刻

当人落入海中，有时会发现鲨鱼在周围游动却不发起攻击。对于这一现象，有一种观点认为：鲨鱼可能没把人类当成潜在猎物，而只是将其视作海洋环境的一部分；也可能是因为它们当时并不饥饿。尽管科学家对于鲨鱼这种行为是否属于有意识地对人类"友好"仍有争议，但从结果来看，鲨鱼确实没有伤害人类。这在某种程度上，也为身处困境的人带来了心理上的慰藉和生存的希望。

在一些热门的潜水胜地，如马尔代夫、澳大利亚的大堡礁等地，潜水者有时会与鲨鱼相遇。鲸鲨便是一个典型的例子，它们体型庞大但性情温和，主要以浮游生物为食。当潜水者接近鲸鲨时，它们通常不会表现出攻击性，有些潜水者甚至能够

与鲸鲨一同游动，仿佛鲸鲨成了一艘巨大的"海洋巴士"。潜水者在它周围游动，而鲸鲨则似乎对人类的活动并不在意。这种和谐的场景不仅让潜水者有机会近距离观察鲨鱼，还能获得独特的潜水体验，同时也表明鲨鱼在某种程度上允许人类在其周围活动。

因此，人们不必过度恐惧鲨鱼。只要保持适当的距离，尊重它们的生活习性，人类与鲨鱼是可以实现和平共处的。

鲨鱼本来就不喜欢吃人

鲨鱼是典型的食肉动物，主要以各种海洋鱼类为食，人类不在其常规食谱中。不同种类的鲨鱼偏好不同的鱼类，有的喜欢小型的沙丁鱼等，有的则追逐体型较大的金枪鱼等。此外，乌贼也是鲨鱼喜爱的食物之一。乌贼肉质鲜美，对于鲨鱼来说是不可多得的美味。这些动物富含脂肪和蛋白质，能够为鲨鱼提供充足的能量。

鲨鱼为什么会吃人

小朋友可能会想，既然人类对于鲨鱼而言营养价值低，它们也不喜欢吃人类，可是为什么还会出现鲨鱼吃人的事件呢？这就要说说它们的本性啦！

鲨鱼是海洋中的捕猎能手，一旦锁定猎物，它们几乎不会放过。但它们的视觉和认知能力难以精准区分人类和动物。当人在滑板上冲浪或潜水时，身形在水中与海中生物很像，鲨鱼见到后，就会误以为是猎物。

当然，鲨鱼并非毫无判断力。当它们咬到人类并尝到不对的味道时，通常会松开嘴巴。如果人类此时进行反击，鲨鱼很可能会将人类视为敌人，进而发起更为猛烈的攻击。因此，在与鲨鱼偶遇时，保持冷静，避免激怒它们是至关重要的。

被称为"海中狼"的是什么动物

鲨鱼是海洋中的庞然大物,部分种类也是最凶猛的动物,所以被称为"海中狼"。鲨鱼家族的成员全世界有370余种,中国约有120种。作为最古老的鱼类之一,鲨鱼处于海洋食物链的顶端,家族中既有体型最大的鲸鲨,也有小到可以放在手上的侏儒角鲨,还有凶猛的大白鲨。鲨鱼已经在地球上存在3亿多年了,它们经历过几次生物大灭绝。最神奇的是,鲨鱼有五排牙齿!每当最外层的牙齿磨损脱落,后排的牙齿就向前移动填补空缺,鲨鱼的一生要换数千至数万颗牙齿呢!

我们知道,鱼的主要特征是生活在水中,体表常有鳞片覆盖,用鳃呼吸,通过尾部和躯干部的摆动以及鳍的协调作用游泳。那么,鲨鱼作为鱼类的一种,它们看起来滑溜溜的,身上也有鳞片吗?实际上,鲨鱼也是有鳞片的。鱼类的鳞片主要有三类,分别是骨鳞、盾鳞和硬鳞。鲨鱼属于软骨鱼类,它们的鱼鳞属于盾鳞。

海龟流泪了，它是不是有伤心事呀

　　人在伤心、高兴的时候都会热泪盈眶，不管是什么样的心情，只要触到敏感的神经，一激动就会流下眼泪，这是因为流眼泪是我们情感宣泄和释放的方式。那么，除了人类之外，其他的动物也会流泪吗？回答是肯定的。你看过海龟流泪吗？为什么百岁的海龟会掉眼泪呢？它有什么伤心的事吗？让我们一起去看看吧！

海龟是一种濒危动物

目前发现的海龟有7种，它们是棱皮龟、蠵（xī）龟（红海龟）、玳瑁、太平洋丽龟、绿海龟、肯氏丽龟和平背龟，这7种海龟现今都被列为濒危动物。

海龟比人类出现得还要早，它们在地球上生活了近2亿年，可以说是祖先级的物种啦！

太平洋丽龟是目前最小的海龟，长60多厘米，重约12千克。最大的是棱皮龟。棱皮龟是海龟中最好辨识的，它有一层很厚的油质皮肤，背上有7行纵棱，腹部有5行纵棱。

海龟最独特的地方是龟壳，龟壳能够保护海龟不受侵犯，使它们能够在海底自由游动。不过，与陆地上的龟不一样，海龟无法将头和四肢缩进壳里。

海龟流泪了

2008年，南京海底世界为一只300岁的蠵龟实施了手术治疗。

这只大海龟的舌头上长了一个恶性肿瘤，足有鸡蛋那么大，必须通过手术切除。然而，手术过程并没有想象中那么顺利，经历了五次麻醉才成功取出肿瘤。

在场的人们为手术的成功松了一口气，没想到半小时后，大海龟的气息突然变得非常微弱，原本

像拉风箱一样的呼呼声越来越轻……医生立刻紧张起来，迅速为它戴上了人工呼吸机辅助呼吸，一心想挽回它的生命。但结果令人惋惜，1小时后，大海龟缓缓闭上了眼睛，永远离开了这个世界。

令人动容的是，从手术开始到停止呼吸，这只大海龟一直不停地流泪。尤其是当坚硬的手术刀插进舌头时，它的眼泪瞬间涌出，让人心疼不已！在生命的最后一刻，它仿佛在排空体内所有的水分，泪水不断滑落，当最后一滴泪落下的一刹那，在场所有人都忍不住失声痛哭。

海龟是因为伤心而流泪的吗

大海龟与人类挥泪告别的场面令人痛心。但实际上，海龟流泪并非罕见现象，那些前往沙滩产卵的准海龟妈妈，在下蛋时也会眼泪汪汪。

不只是海龟，海洋中的其他动物也有流泪的现象。不过，它们流泪并不像人类那样是因情感变化，对它们而言，流眼泪只是一种正常的生理反应。

眼泪是用来排盐的吗

科学家研究发现，海龟等海洋动物的眼窝后方有一个特殊的小器官，这就是人们所说的"盐腺"。它的功能类似人类眼睛中的泪腺，能将动物体内因吞食高含盐量海水而积累的盐分，通过流泪的方式排出体外。

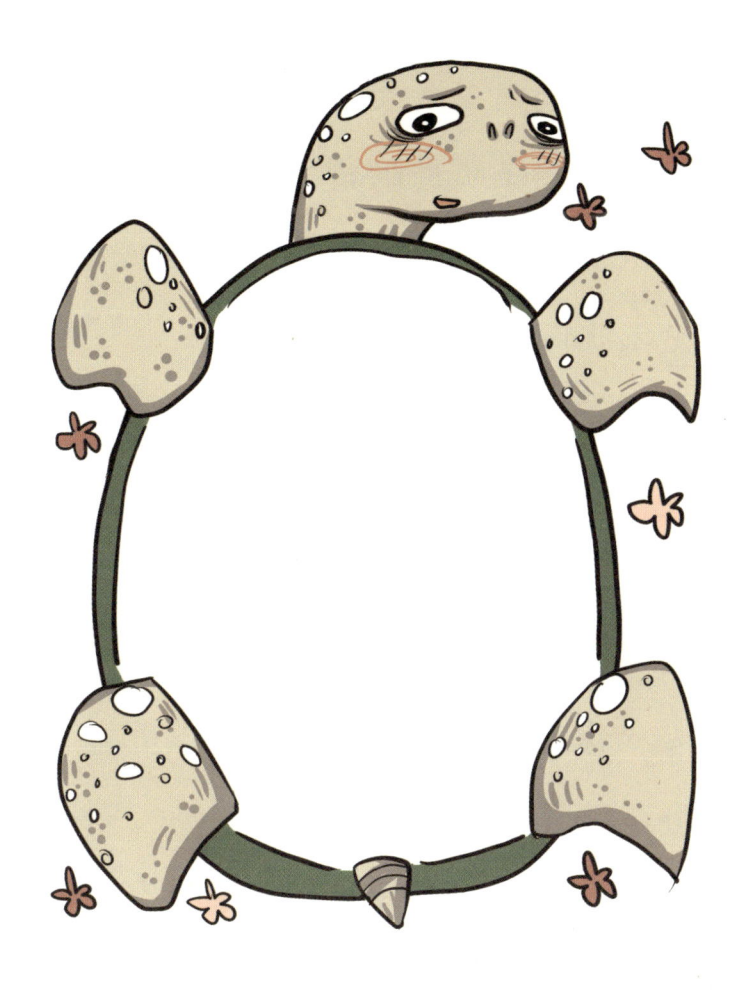

海龟生活在大海中，它们摄食的海藻与饮用的海水均含大量盐分。为维持身体正常生理机能并保障健康成长，海龟需要将多余的盐分排出体外。

还有什么动物会流泪呢

人类流眼泪主要分为两种情况：一种是因心理

因素，如心情悲痛或激动；另一种是因生理因素，比如风很大或沙子吹进眼睛，导致眼睛疼痛、有异物感时，眼泪就会流出起到润滑作用，目的是保护眼睛免受风沙伤害。

海龟流泪是一种排盐反应，那么大千世界中，还有没有其他会流泪的动物呢？

答案是肯定的。像海龟一样因需要排盐而流泪的还有鳄鱼。每次吞食猎物前，鳄鱼都会流泪，表面看起来像是在伤心，因此人们常用"鳄鱼的眼泪"来形容假慈悲。

不过，如果说动物没有感情，生活中还有一种现象难以解释：屠宰牛、羊时，它们的眼睛会涌出许多泪水，样子十分可怜，仿佛知道自己即将离开这个世界；小狗在受委屈、难过时，也会流出眼泪……

除了这些动物，鸟类、哺乳类等许多动物也会流泪。

谁是生态系统的哨兵

龟类向来以长寿闻名，它们具有独特的生理结构，其龟壳生长纹能反映个体生命周期内的环境变化。由于龟类对环境变化非常敏感，因此一直被认为是生态系统的哨兵。2023年的一项研究显示，海龟和陆龟的龟壳可储存长达数十年的放射性污染记录。这是因为龟壳上覆盖着一层由角蛋白组成的盾板，其构成与人类指甲的构成相同；这些盾板像年轮那样层层生长，一旦化学污染物进入盾板，便会被锁在每一层中。

2023年8月24日，日本排放核污水后，千叶海滩出现了海龟尸体，我们虽无法确定两者是否有关联，但可以肯定的是，核污水中的放射性物质会对海洋生态系统和生物体产生不同程度的影响。其他环境污染同样会对包括人类在内的生物造成危害。例如：排入水中的有毒有害物质接触人体，可能会增加基因突变概率，诱发癌症；水和土壤中的多种重金属污染物（如汞、镉等）会通过食物链积累，最终危害人体健康。

海豚的智商比人类高吗

每次走进海洋馆，看到那些可爱的海豚在驯养师的引导下轻盈地跳跃、灵活地表演，小朋友都会为之惊叹不已。这些海豚虽然体型相对较小，但它们可是海洋中的佼佼者哦！小朋友，你知道吗？海豚不仅聪明伶俐，而且本领超群。现在，让我们一起踏上探索海豚的旅程吧！

海豚是天生的音乐家

海豚拥有了不起的音乐天分。科学家为探索它们的音乐天赋究竟如何，特意在一艘航行于加拿大海岸与温哥华岛之间海湾的船上，举办了一场音乐盛会。

科学家并未专心享受美妙的音乐，而是一直在期盼着另一群特殊听众的到来。不久，甲板下果然探出许多小脑袋，海豚被音乐吸引来了！它们一个个头朝上，笔直地立在水中，只将头和脖子露出水面，一副专注的模样。

船上的人立刻戴上与水下听音器相连的耳机，耳机中传来一阵阵海豚的尖叫声和喧嚣声。这些声音与甲板上的音乐交织在一起，形成一曲美妙的"交响乐"。这场奇妙的音乐会持续了几个小时，直到船上的音乐停止，海豚才依依不舍地散去。

海豚的"语言"好难学啊

人类一直试图与动物对话，了解动物的语言，因此科学家开始研究"海豚语"。

通过不断的试验，科学家终于绘制出海豚语言分析图，总结出许多有关海豚"语言"的规律。

从分析图中可以发现，海豚之间的交流方式与人类有不少相似之处，它们也常常"聊天"呢！为了更好地与海豚接触，科学家想尽各种办法学习海豚的语言，却至今未能完全掌握。

虽然我们尚未学会海豚的语言，海豚却学会了人类的语言，它们的学习能力令人惊叹。如果教海豚几个单词，经过几个星期的反复练习，它们就能发出准确无误的声音，且发音与人类极为相似。

海豚学习太棒了

海豚不仅会学习几个单词，若是在海洋馆看过海豚表演，你会惊叹于它们既能一会儿顶球表演特技，一会儿与岸上的小朋友嬉戏，一会儿又化身回答问题的"小学生"……那憨态可掬的样子，简直让人喜爱不已！

　　海豚的这些本领都是向人类学来的。相对于其他海洋动物，海豚与人类的关系十分友好，很乐意与人类相处玩耍，人类也因此教会了它们不少本领。

怎样才能更好地了解海豚呢

海豚和人类一样都是哺乳动物，只是由于生活环境不同，与人类接触较少，因此人们无法像了解狗和猫那样了解海豚。那么海豚到底有多聪明，还有多大潜力呢？人们一直在研究海豚，目前研究方法主要有两种。

第一，观察海豚的行为。人们之所以熟悉狗和猫，是因为经常接触它们；想要了解海豚，同样需要常与它们相处。只有长期观察它们的生活习性，掌握它们的"常用语言"，才能多一些对它们的了解。

海洋馆中的海豚就是很好的例子。在训练师的训练下，海豚已经能明白人类的简

单手势和语言，还学会了一些单词，只是目前尚未达到与人交流的水平。

第二，解剖后的推测分析。科学家对死后的海豚进行解剖，发现其大脑十分发达，体积大且重量大，大脑半球上布满深深的脑沟，神经分布也错综复杂。

由此可见，海豚大脑的记忆容量和信息处理能力非常强，与灵长类动物相似。如果人类能研究并掌握海豚的表达和思维模式，就能找到与它们沟通的方法。

海豚在水中通过"回声定位"与同伴沟通，它们发出的超声波频率可达350千赫，同伴听到后会迅速回应。因此，若在水中听到海豚的叫声，很可能是它们在进行信息交流，只是目前人类尚未破解这些声音的具体含义。

猜猜看

什么样的大脑更聪明

我们俗称的大脑只是"脑"的一部分，脑分大脑、间脑、小脑和脑干四部分。大脑包括左右两个大脑半球，表面是大脑皮层，大脑皮层是调节机体活动的最高级中枢。脑的不同分区调控着人体的各种生命活动，如高级情感、意识、语言功能、肢体运动功能、感觉功能、视力等。

脑上那些沟壑有一个非常直白的名字——脑沟。脑沟可以增大大脑皮质的表面积和灰质体积，反映大脑发育状况是否良好，是高级神经活动的基础，与人类的智力发展有很大关系。那么，是否脑沟越深脑子就越聪明呢？科学研究证明，人的智力与大脑沟回皱褶是有一定关联：大脑的沟回越明显、皱褶越多，大脑皮质的表面积越大，神经连接的空间也更广泛，人的思维就更活跃。但过犹不及，大脑沟回过深可能代表脑萎缩，因此只能说脑沟的深浅是决定是否聪明的重要因素之一，并非绝对。

什么？小海马是爸爸"生"出来的

在人们的普遍认知中，大多数动物都是由妈妈负责孕育新生命的。然而，在广阔无垠的大海中，却存在着一个与众不同的家族：这里的妈妈并不承担生育责任，大自然将这一艰巨的任务交给了爸爸。这究竟是怎么一回事呢？接下来，让我们一起走进这个奇妙的家族，探索其中的奥秘吧！

这种独特的动物是什么呢

这种动物不仅繁殖方式与众不同，就连长相也很特别！

它的头部酷似马头，眼睛像蜻蜓的眼睛，身体像虾，尾巴像象鼻。若想根据这"四不像"的模样为它取名，还真是件难事。后来，人们依据它形如马头的脑袋，干脆称其为"海马"。不过，可别把它和马混为一谈，它可是货真价实的鱼类，尽管是最不像鱼的鱼。

海马究竟长什么样呢

海马的头两侧各有两个鼻孔，头部与身体呈近似直角。其腹部由10至12个骨环组成，如同穿了一副坚硬的铠甲，使鼓鼓的肚子向外凸出。海马全身被膜质骨片包裹，背部有一个几乎难以察觉的无刺背鳍，没有腹鳍和尾鳍。它的尾部细长，常保持卷曲状态，末端可以自由活动。休息时，海马会将

尾部缠绕在海藻或其他植物上，宛如大海中一位优雅的舞者。

为什么海马妈妈不生宝宝呢

每当繁殖季节来临时，雄海马的身体会呈现出一种奇妙的节奏——不断伸直与弯曲。在这独特的"舞蹈"中，令人惊奇的一幕发生了：许多小海马从雄海马圆鼓鼓的育儿袋里涌现出来。这究竟是怎么一回事呢？为何自然界中生育的责任多由雌性承担，而海马却是由雄性承担呢？

原来，雄海马的腹部有一个类似"肚兜"的育儿袋，它宛如雌性哺乳动物的子宫，为受精卵提供了安全、舒适的发育环境。在这里，受精卵会嵌入育儿袋内壁并完成发育。雄海马会用育儿袋孕育胚胎，育儿袋内壁密布血管，能通过特殊的组织液与胚胎进行物质交换：一方面为新生命提供营养和氧气，另一方面除去小家伙产生的排泄物。"足月"之后，雄海马便开始分娩。分娩之初，它像轻轻吐出珍珠般小心翼翼地将小海马从育儿袋中逐个引导出来；到了后期，则如同喷射一般，一群群活泼可爱的小海马从"袋子"里欢快跃出。

其实，这并非海马妈妈不负责任，而是其身体构造决定了它无法像雄海马那样拥有育儿袋。在大自然的奇妙安排下，雌海马和雄海马各自扮演着不可或缺的角色，共同呵护着这些小生命。

懒惰的家伙

海马在全世界均有分布，以热带、亚热带海域数量居多。海马喜欢生活在沿海海藻丛生的区域，时常将卷曲的尾部缠绕在海藻的茎枝上，或倒挂在漂浮的海藻及其他漂浮物上，随波逐流，真是个慵懒的家伙。

但如此懒惰的海马是如何摄取食物的呢？原来，看似慵懒的海马也有独特的觅食方法：当漂到水温适宜、水质良好的水域时，海马会大量进食，且消化速度很快；一旦处于水质较差的环境中，它们会本能地减少摄食量，甚至停止进食。不过无须担心它们会饿死，因为海马的耐饥能力很强，最长可近130天不进食仍能存活。

海马的种类有哪些

海马种类繁多，每一种都承载着大自然的神奇与奥秘。这些海马不仅是海洋生物多样性的重要组成部分，也是传统中药材。

在我国辽阔的沿海地区，主要分布着六种海马。它们分别是刺海马、管海马、三斑海马、日本海马、克氏海马和冠海马。每一种海马都有其独特的生态习性和分布区域。

在这些海马中，克氏海马以其庞大的体型而引人注目。作为我国沿海珍稀物种，它已被列为国家二级保护动物。

海马是海洋生态的关键物种，让我们共同珍惜这些宝贵的生物资源，为构建人与自然和谐共生的美好未来而努力。

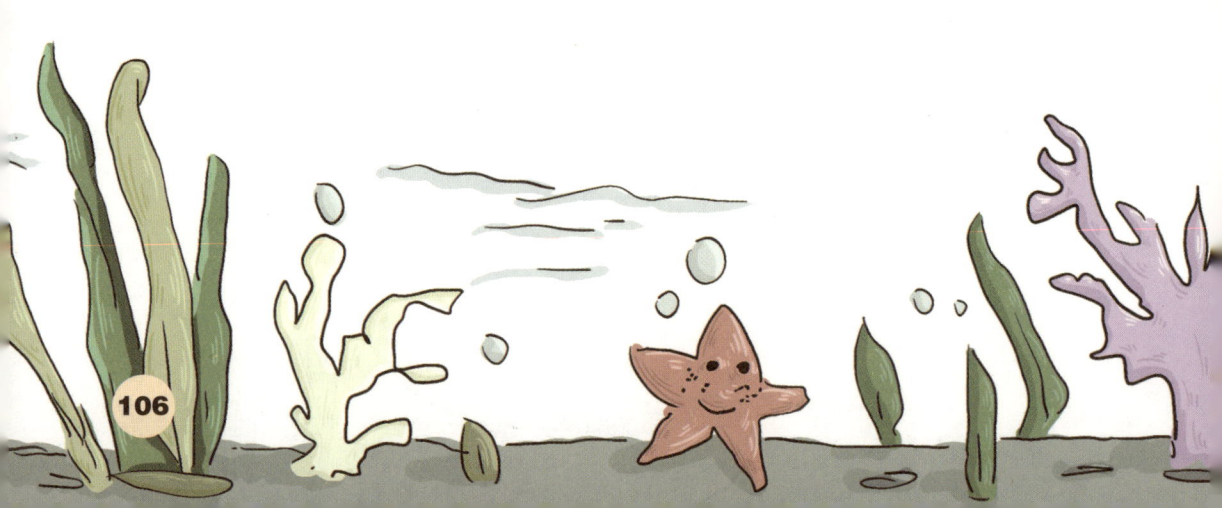

小测试

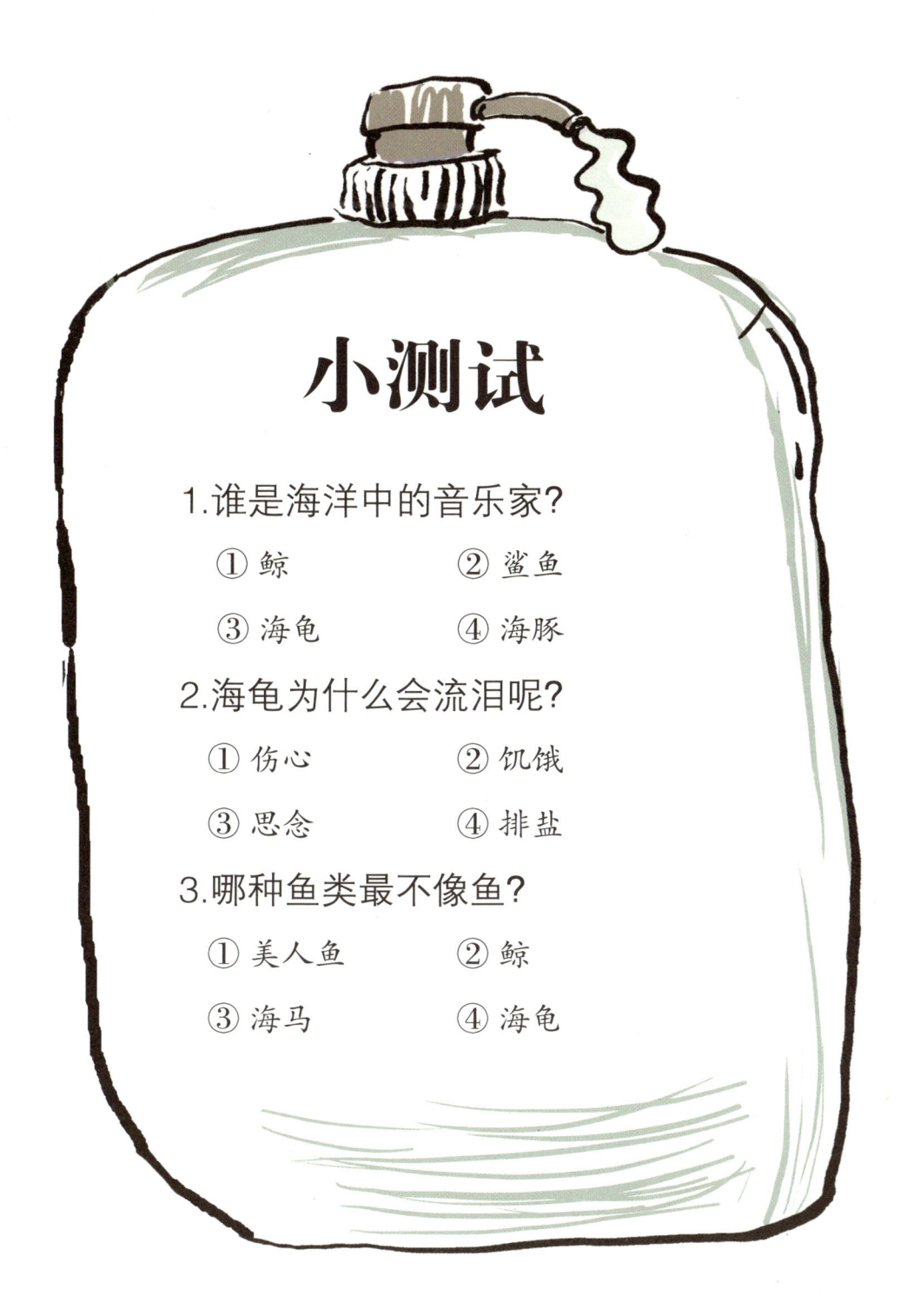

1. 谁是海洋中的音乐家?
   - ① 鲸
   - ② 鲨鱼
   - ③ 海龟
   - ④ 海豚

2. 海龟为什么会流泪呢?
   - ① 伤心
   - ② 饥饿
   - ③ 思念
   - ④ 排盐

3. 哪种鱼类最不像鱼?
   - ① 美人鱼
   - ② 鲸
   - ③ 海马
   - ④ 海龟